UNE PROMENADE

DANS

LA GRANDE-KABYLIE.

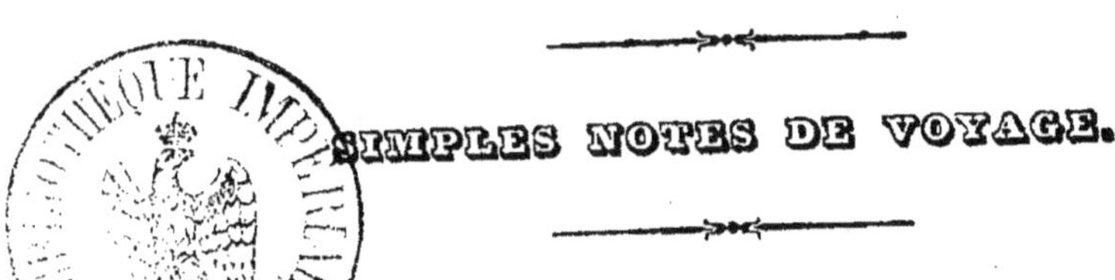

SIMPLES NOTES DE VOYAGE.

1858

UNE PROMENADE

DANS

LA GRANDE-KABYLIE.

SIMPLES NOTES DE VOYAGE,

Par E. VAYSSETTES,

PROFESSEUR AU COLLÉGE IMPÉRIAL ARABE-FRANÇAIS D'ALGER.

Alger, mai 1858.

Onze heures sonnaient à l'horloge de Bougie, et, bien que le soleil fût près d'atteindre le milieu de sa course, nous ne pouvions différer de nous mettre en route. L'étape que nous avions à parcourir était longue. Nos guides, d'ailleurs, nous pressaient de partir, et les mules qui devaient nous servir de véhicule étaient là toutes prêtes à nous recevoir.

Nous sortons de Bougie par la porte Fatima, laissons à notre droite le mont Gouraya et ses pics décharnés, gagnons la plaine, traversons le Summam sur un pont de bateaux, un peu au-dessus de son embouchure, et nous voilà cotoyant la rive droite de ce fleuve dont le lit, large et peu profond, devient, à l'époque des pluies et de la fonte des neiges, un torrent impétueux que viennent grossir tous les cours d'eau de la vallée de l'Oued-Sahel. Cette vallée, qui se prolonge jusqu'à Aumale, offre dans tout son parcours une richesse de végétation peu commune.

Il est deux heures et demie. Le soleil qui darde ses rayons sur nos têtes, le pas précipité de nos montures et, avouons-le aussi, notre peu d'habitude des exercices équestres, nous font depuis quelque temps désirer ardemment un instant de

repos. Nos gosiers desséchés éprouvent, d'ailleurs, le besoin
impérieux de se rafraîchir.

O bonheur ! un puits devant nous se présente, un puits
français, notez bien, avec sa margelle revêtue de ciment,
sa potence en fer, sa poulie et son auge. Haletants, nous
mettons pied à terre. Déception !..... Le fond de ce trou, si
bien paré au dehors, n'est qu'un réceptacle d'immondices et
de pierres. Fort heureusement, tout à côté est un puits arabe.
Celui-ci n'a point, comme son frère plus jeune, et poulie et
margelle ; mais on y trouve ce qui vaut mieux, un petit filet
d'eau, et c'est sans doute pour indiquer son existence en ces
lieux qu'a été construit le premier.

Ceci me remet en mémoire un mot aussi vrai que piquant
d'un ingénieur nouvellement débarqué en Algérie. « Dans ce
pays-ci, disait-il, les routes ont été faites non point pour servir de voies de communication., mais pour indiquer aux voya-
geurs les endroits par où il ne faut pas passer. »

Le lieu où nous sommes se nomme *Souk-es-Sebt* (le marché
du samedi) (1). Il n'y a point d'habitations. Un olivier plus
que séculaire et quelques hêtres touffus servent seuls d'abri
aux marchands qui viennent là, à jour fixe, faire échange
de leurs produits. La vallée se dessine parfaitement : des
deux côtés de la rivière, des champs de blé à perte de vue ;
sur le penchant des collines, des oliviers sans nombre ; devant nous, sur notre gauche, une gorge que nous entre-
voyons à peine, mais au fond de laquelle nous allons voir
bientôt, située sur un mamelon, le *bordj* (maison de campagne, de commandement ; fort) du kaïd Oulid ou Rabah,
qui commande à la tribu des Oulad-Abd-el-Djebbar, et le
moulin à huile de M. ***, de Bougie, construit sur l'Oued-
Abd-el-Djebbar, affluent de l'Oued-Sahel.

Une heure après notre halte, nous traversons ce cours
d'eau, et il est près de quatre heures lorsque nous arrivons
en face de Tiklat, le *Tubusuptus* des anciens.

Cette ville, située au pied de la montagne des Fennaïa, sur
la rive gauche de l'Oued-Sahel, fut jadis considérable, à en

____

(1) En Algérie et en Kabylie surtout, beaucoup de lieux prennent le
nom du jour où se tient le marché.

juger par les ruines qui jonchent encore le sol. MM. Meurs et Férant en ont donné plusieurs descriptions, soit dans l'*Annuaire archéologique* de Constantine, soit dans la *Revue algérienne*.

Nous passons outre, et nous arrivons au marabout de Sidi-Aïd, au pied de la montagne des Flaï, chez lesquels nous devons passer la nuit.

La montée est rude, nos bêtes ont peine à tenir pied, nous-mêmes sommes exténués de fatigue. Le soleil vient de disparaître à l'horizon, et les ombres de la nuit, dans ce pays sans crépuscule, envahissent déjà la plaine, quand nous faisons notre entrée dans le village.

C'est jour de fête. On célèbre la rupture du grand jeûne et la joie est peinte sur tous les visages. A chaque pas que nous faisons dans ce dédale de ruelles tortueuses et mal pavées, nous sommes arrêtés par des groupes de Kabyles assis par terre et daignant à peine se déranger pour laisser passer nos montures. Les enfants seuls, attirés par notre costume d'étrangers, se mettent à notre suite, et nous suivent en ouvrant de grands yeux et nous interpellant par cette apostrophe de *ia didou*, synonyme de monsieur, que l'on retrouve dans la bouche de tous les indigènes.

Le caïd Rebié, auquel nous sommes présentés, nous fait d'abord un accueil qui, par son peu d'empressement, semble témoigner du mince plaisir que lui cause notre présence. C'est qu'il a remarqué sans doute, à notre coiffure à larges bords et à notre prosaïque paletot, que nous ne sommes point des gens à épée, des gens à képi, et l'indigène, qui, instinctivement ou pour cause, professe le plus profond respect pour tout ce qui porte galons, n'a guère, au premier abord, que du dédain pour ce qu'il appelle la classe des *mercanti*, c'est-à-dire tous les civils. Cependant, après la lecture de la missive qui nous a été remise par le bureau arabe pour nous servir d'introduction auprès de lui, les traits du caïd se dérident, et, par ses ordres, nous sommes conduits dans la *skifa* (corridor, salle de réception) des hôtes.

C'est une pièce au rez-de-chaussée, ouvrant, d'une part, sur la rue, et de l'autre, sur une cour destinée à recevoir les bêtes de somme. Deux *doukkana* ou tambours semblables à des lits de corps-de-garde en maçonnerie, élevés d'un mètre au-dessus du sol, occupent les deux côtés de la pièce. Sur celui de droite on étend une forte natte, que l'on recouvre, pour nous faire fête, de deux tellis (grands sacs pour renfermer les grains), en forme de tapis. Nous prenons place dessus, et, accroupis sur nos genoux ou étendus à la manière arabe, nous attendons la *dhifa*, ce repas de l'hospitalité.

En face, sur l'autre doukkana, sont rangées trois énormes kouafa (pl. de koufi), sortes de jarres en terre cuite au soleil, de la contenance de quatre à cinq cents litres, et qui servent à renfermer les grains et les fruits secs, tels que figues, raisins, etc.

Pour nous désaltérer (on a toujours soif en voyage), on nous apporte, dans un pot fait de jonc goudronné, une sorte de liquide blanc et épais, dans lequel il y a autant à manger qu'à boire. C'est de l'*ighi* ou lait aigre. J'y mouille à peine mes lèvres et, pour me consoler, ne trouve rien de mieux à faire que de savourer à longs traits les bouffées de tabac qui s'échappent en spirales capricieuses de ma modeste pipe.

Pendant que je me livre à cette innocente jouissance, mon compagnon de route s'est étendu, je ne dirai pas mollement, mais le plus commodément qu'il lui a été possible, sur la dure natte qui doit nous servir à la fois et de table à manger et de couche. La fatigue a émoussé sa gaîté ordinaire; il dormirait déjà si ses sens ne venaient d'être soudainement mis en éveil par l'odeur de certains *khefaf* ou beignets auxquels notre appétit fait d'abord le plus grand honneur. Mais à l'huile qui ruisselle le long de nos doigts et de nos moustaches, à l'odeur forte et nauséabonde qui s'en exhale, nos estomacs soulevés ont peine à digérer cette pâte lourde et grasse, qui nous a été présentée comme un avant-goût du dîner qui se prépare. Nous disons *barka* (c'est assez) ! au grand contentement, sans doute, des bouches qui nous entourent et qui ont, elles, le triste, je devrais dire en ce moment l'heureux privilége de n'avoir pas un palais aussi délicat que le nôtre. Aussi le tout disparaît-il en un clin d'œil.

Afin de mettre les moments à profit, j'interroge l'un, je questionne l'autre, et, à la lueur d'une lampe fumeuse appendue au mur, voici ce que j'écris :

Le village des Flaï est divisé en deux fractions qui ne sont point cependant ennemies, mais qui ont chacune une origine différente. Il compte environ deux cents maisons dont quelques-unes ont un premier étage. Toutes sont recouvertes en tuiles. Les rues sont étroites et en pente. Çà et là on voit quelques espaces vides, que l'on est tenté de prendre pour des places, et où se tiennent les réunions populaires. Il y a une mosquée. Le chiffre de la population est de 300 *zenad* ou hommes capables de porter un fusil. Les Kabyles ne se comptent pas autrement : enfants, femmes et vieillards ne sont point compris dans ce nombre.

J'ai dit que c'était la fête au village. Aussi les visiteurs, qui ont ce jour-là fait trève à leurs travaux habituels, se succèdent-ils, nombreux, dans notre modeste réduit, et quoique l'heure soit déjà avancée, la cité n'en retentit pas moins des cris joyeux des enfants, que mon compagnon se plaît à comparer aux coassements des grenouilles, lorsque, par une belle soirée d'été, elles jettent dans les airs leur *couac* si peu harmonieux.

Il est neuf heures et demie quand nous voyons arriver un énorme plat de couscoussou. A l'odeur rance qui s'en échappe, nous reconnaissons sans peine qu'il est encore à l'huile. Un instant nous hésitons ; mais bientôt, nous rappelant que *ventre affamé n'a pas d'oreilles*, nous nous écrions d'une voix commune : Il ne doit pas avoir non plus d'odorat. Et, forts de ce raisonnement, nous mettons de côté tous nos vieux préjugés et faisons honneur au dîner.

Lorsque nous sommes repus, n'ayant rien de mieux à faire, nous nous couchons. Nos paupières se voilent, un sommeil réparateur va enfin succéder aux émotions de la journée ; mais nous avions compté sans nos hôtes. Des puces, ou peut-être pire encore, je n'ose m'en assurer, s'abattent par milliers sur nos pauvres membres harassés de fatigue. Nous en sommes dévorés. Quelle nuit ! quel supplice ! Et pourtant, à côté de nous, au milieu de cette fourmilière d'insectes, des hommes, des enfants reposent en paix. Ce sont nos voisins de droite et de gauche, Kabyles au teint brun et à la peau insensible, dont rien ne saurait troubler le sommeil. Ils sont là, pêle-mêle, couchés sur la terre nue, ignorant même qu'ailleurs on puisse faire différemment. O civilisation ! que de besoins tu nous crées ; mais aussi que de bien-être tu nous procures !

Le jour commençait à peine à poindre que nous étions déjà, on le concevra sans peine, prêts à enfourcher nos bidets. Il fallait aller rejoindre la route, que nous avions quittée la veille, pour atteindre le village des Flaï, et ici nous eûmes un premier échantillon de ce que nous devions plus tard voir en grand dans le pays des Zouaoua ; je veux parler de la difficulté des chemins. Je ne saurais autrement l'exprimer que par cette locution banale, mais qui ici est vraie en tout point : il faut y aller voir pour le croire. En effet, les pentes sont tellement escarpées et les sentiers si hérissés de pierres, de crevasses, d'obstacles de tout genre, qu'il faut avoir une confiance aveugle dans la sûreté du pied de sa monture, pour oser, à cheval, affronter de pareils dangers. Je ne crois pas qu'en France il existe de chemin de traverse, quelque raboteux, quelque difficile qu'il soit, qui puisse leur être comparé.

Enfin, après une descente des plus périlleuses, nous regagnons le fond de la vallée, et nous voilà cheminant le long de la grand'route, car désormais nous suivrons la rive gauche de l'Oued-Sahel.

La vallée, qui, en cet endroit, est assez rétrécie, s'élargit peu à peu devant nous, et nous ne tardons pas à distinguer, à la droite d'un mamelon entièrement détaché du reste des montagnes, le bordj d'Akbou, avec ses tourelles et ses blanches murailles. Nous le saluons de tous nos vœux, car là nous attendent des amis.

A droite, nous laissons le village de Takat ; à gauche, celui des Beni-Aïdel. A sept heures, nous arrivons, après avoir traversé un bois d'oliviers de la plus belle apparence, à l'*azib* de Si-Ben-Ali-Chérif. Ce sont des gourbis entourés de jardins potagers, où l'on cultive, entre autres légumes, l'ail et l'oignon. Nous descendons pour boire du lait censé frais et qui ne l'est guère plus que celui de la veille. Les femmes nous accueillent avec un empressement digne de remarque. Leur teint hâlé par le soleil, flétri de bonne heure par les rudes travaux des champs, laisse deviner encore quelques restes de beauté primitive. L'une d'elles, aux blanches dents, pétrit des galettes mi-farine de blé et mi-farine de fèves; une autre nous présente une de ces mêmes galettes, qu'elle vient de retirer du four, et, soit à cause de son goût appétissant, soit pour ne pas refuser à la main qui nous l'offre, nous l'acceptons de bon cœur.

Après une halte de dix minutes, nous reprenons notre course, cette fois avec un entrain qui semble se communiquer de nous à nos bêtes; car elles, comme nous, sentent sans doute que le but à atteindre est proche. Une heure après, nous faisions notre entrée dans le bordj du bach-agha, Si-Ben-Aly-Chérif.

Le maréchal-des-logis B...., du 3e spahis, un vieil ami d'enfance et un camarade d'Afrique, qui se trouve momentanément détaché auprès de ce chef puissant, nous reçoit à bras ouverts et nous fait les honneurs du logis, en attendant que nous puissions présenter nos respects au maître de ces lieux.

Pendant que le café se prépare, nous pouvons étendre mollement nos membres, alourdis par la fatigue du voyage et l'insomnie de la veille, sur des sofas, de vrais sofas, dont la souple élasticité forme un contraste frappant avec la dure natte des Flaï. Ici, en effet, nous ne sommes plus en Kabylie, mais en pleine France : murs et plafonds peints à fresque, cheminées en marbre, glaces, lustres, candélabres, pendules, chaises, fauteuils, divans, tapis, rien n'y manque... qu'un piano.

L'habitation, située sur un petit plateau appelé Taza, au pied de la montagne de Chellata, est entourée d'un mur d'enceinte flanqué, à ses quatre angles, de tourelles crénelées. Elle se compose de deux corps de bâtiment, séparés entre eux par une cour intérieure. Le premier est destiné à recevoir les hôtes; le second est habité par le seigneur du logis, Si-Ben-Aly-Chérif, Arabe par sa naissance, Français par le cœur et par les mœurs. Rallié depuis long-temps à la France, dont son intelligence, aidée, chose assez extraordinaire, des conseils d'un déserteur, lui avait fait de bonne heure apprécier les bienfaits, façonné à la civilisation par un assez long séjour à Paris, il exerce l'hospitalité en vrai châtelain du moyen-âge. L'influence que lui donne son titre de marabout lui permet, en outre, d'étendre sur un grand rayon de pays une autorité incontestable et incontestée, et les nombreux services qu'il a rendus et qu'il rend encore tous les jours à notre cause lui ont valu de porter sur sa poitrine l'insigne de l'honneur.

Je me plais à lui donner publiquement ce témoignage d'estime et de reconnaissance, pour son caractère personnel et pour l'accueil si cordial, si empressé, que nous avons trouvé auprès de lui, pendant les six jours que nous avons passés dans son château.

Aux pieds de la montagne s'étend la vallée de l'Oued-Sahel qui, en cet endroit, nous l'avons déjà dit, se trouve coupée dans son milieu par le mamelon d'Akbou, sorte de pain de sucre faisant face au défilé de Chellata. Sur l'une de ses pointes nord, on remarque un ancien monument romain, un mausolée sans doute, dont une description, quoique un peu incomplète, a été donnée dans l'*Annuaire de la Société archéologique de Constantine*, année 1856-1857. A deux kilomètres au sud, est le confluent de l'Oued-Sahel et de Bousselam, qui coule de l'est à l'ouest, venant de Sétif.

En face de nous se dresse une crête rocheuse, coupée brusquement par le lit de la rivière et dont le mamelon d'Akbou devait autrefois faire partie. Au-delà et aussi loin que la vue puisse s'étendre, ce ne sont que pâtés montagneux, entrecoupés de gorges et de précipices dont l'ensemble forme la chaîne du Jurjura. Plus au sud, dans le lointain, on aperçoit comme un défilé sombre, encaissé entre deux roches noires qui font tache au tableau. Ce sont les Bibans ou Portes-de-Fer auxquelles, cher lecteur, je vais vous conduire si vous n'êtes pas déjà fatigué de me suivre.

Ici plus de montées, plus d'escarpements; le chemin est uni comme glace. C'est toujours la vallée de l'Oued-Sahel que nous longeons, avec ses forêts d'oliviers aux troncs noueux, aux rameaux puissants, qui rappellent si bien nos grands chênes d'Europe. A notre droite, nous laissons les

Beni-Mellikech; à gauche les Beni-Abbès, et aux pieds de
ces derniers, le fort de Tazemat, où réside un officier français. En cet endroit la route coupe la rivière pour côtoyer
la rive droite, et vous êtes conduit ainsi jusqu'au village des
Beni-Mançour, que commande un fort occupé par un poste
de tirailleurs indigènes. Une dizaine d'Européens, pionniers avancés, de la civilisation, que l'on rencontre partout,
en Algérie, à la suite des armées, sont venus grouper là
leurs existences.

Comme nous devons coucher à Beni-Mançour, le lecteur
me permettra, pour tuer le temps, de lui raconter l'aventure
qui nous arriva en ce dit village.

Vous n'avez pas oublié que nous sommes en territoire mili-
taire et que, partant, nous ne pouvons voyager sans être
munis d'un laisser-passer auprès des commandants des pos-
tes échelonnés sur notre route. Or, la permission dont nous
étions porteurs n'allait pas plus loin qu'Akbou, et du moment que nous en franchissions la limite, nous étions en
contravention flagrante. A vrai dire, nous ne nous en dou-
tions guère, lorsque la vue du capitaine commandant le fort
vint nous remettre en mémoire la terrible ordonnance. En
gens bien élevés, du plus loin que nous l'aperçûmes, nous
le saluâmes profondément, pensant en être quittes à si bon
compte. Mais que nous étions loin de prévoir l'issue de cette
affaire.

M. le capitaine X... me pardonnera, j'en suis sûr, en con-
sidération du dénoûment, d'entrer dans les petits détails
qui suivent.

— Vos noms, prénoms et qualités? D'où venez-vous? Où
allez-vous? En un mot, vos papiers? nous demanda-t-il d'a-
bord en s'avançant vers nous.

Nos noms, prénoms et qualités, il nous fut aisé de
les décliner. Quant à nos papiers, la chose était moins fa-
cile. Nous exhibâmes, il est vrai, la permission que nous
avions en poche; mais elle était d'un bien faible secours,
puisqu'elle nous assignait pour limite Akbou, dont nous
étions fort loin en ce moment.

— Savez-vous, reprit-il alors, que j'ai le droit de vous
faire arrêter?

Comme bien on le pense , nous n'eûmes garde de lui con-
tester ce droit. Nous convînmes, au contraire , avec lui que
nous étions parfaitement dans notre tort ; que, cependant ,
nous n'étions ni des malfaiteurs , ni des perturbateurs , ni
même des vagabonds ; que l'attrait de la nouveauté , joint à
l'amour des voyages , avait seul conduit nos pas en ces
lieux ; qu'enfin notre sort était entre ses mains , et qu'il pou-
vait disposer de nos libertés suivant ce que lui dicterait sa
conscience.

— Eh! bien , Messieurs , répondit-il d'un ton qui nous
glaça le sang dans les veines , vous allez me suivre au fort ,
je vous retiens prisonniers , et.....

En ce moment, une sueur abondante et froide se fit jour
à travers nos fronts. L'instinct de la conservation personnelle
nous rapprocha machinalement l'un vers l'autre : nous trem-
blions de tous nos membres.

— Et, ajouta-t-il en renforçant sa voix, ce soir même
vous..... dînerez à ma table.

L'épine que l'on vous tire du pied, la planche de salut
jetée au malheureux qui se noie , ne sont rien à côté du
soulagement intérieur que nous éprouvâmes. Une exclama-
tion prolongée fut tout ce que nos bouches purent dire. La
punition était complète, et la sentence trop équitable pour
qu'il nous fût permis d'en appeler. Nous nous résignâmes
de bon cœur à subir jusqu'au bout notre condamnation.

Cependant , comme nous avions déjà pris un premier en-
gagement auprès d'un Arabe auquel nous étions recomman-
dés d'avance, il fut convenu qu'on le prierait de joindre
son dîner au nôtre, ce à quoi il se prêta de la meilleure
grâce du monde, et l'on se mit immédiatement à table. Nos
langues, un instant enchaînées par la peur, se délièrent
bientôt, grâce à la courtoisie charmante de notre amphy-
trion et au vin généreux dont le repas fut arrosé ; il était
près de minuit quand nous prîmes congé de notre hôte. Je
laisse à penser si les remerciments furent chaleureux.
Après nous être donné de part et d'autre une cordiale poignée de main, nous regagnâmes, tant bien que mal, le gîte
où nous devions passer le reste de la nuit.

Ce fut dans un coin de l'écurie, en compagnie de nos mules et des chiens de la maison, dont les flairements venaient, à toute minute, me jeter dans des transes épouvantables, que nous achevâmes une journée qui avait été si fertile en émotions diverses.

Le lendemain, dès la pointe du jour, nous étions sur pied, et je vais, ami lecteur, vous conduire cette fois droit aux Bibans.

Adieu les fertiles plaines et les frais ombrages. A mesure que nous remontons vers l'est, en suivant le cours de l'Oued-Méleh, le sol devient pierreux, maigre, décharné, entrecoupé de ravines, ne produisant que des arbousiers, des térébinthes ou des pins, dont les troncs, dépouillés de leur écorce, étendent dans les airs leurs rameaux nus. A cet aspect désolé, si vous joignez la couleur foncée des roches et leur disposition particulière, ce ne sera pas sans un certain serrement de cœur que vous arriverez en face d'une montagne dont la cime ne laisse voir à nu qu'une arête déchiquetée, où vainement le pied de l'homme chercherait à se frayer un passage, si la nature, qui a posé l'obstacle, ne s'était elle-même chargée de l'aplanir.

Des deux côtés de ce massif rocheux, qui peut bien avoir quatre lieues de tour, deux cours d'eau, venant de la province de Constantine, se sont creusé un lit que le voyageur, pour sa commodité, transforme aisément en chemin. Celui de droite se nomme l'Oued-el-Hammam ; celui de gauche, nous le connaissons déjà, c'est l'Oued-Méleh. Ce sont ces deux passages que les indigènes désignent sous le nom de *Biban* (portes) et que les Français appellent *Portes-de-Fer*, sans doute à cause de la couleur noirâtre de la pierre et de sa dureté.

L'entrée de gauche, ou la Petite-Porte, ne peut guère être franchie qu'à cheval ; car il y a juste le passage des eaux qui, en cet endroit, sont de tout temps assez élevées. Un palmier, que l'œil ne voit pas sans un certain étonnement, perdu au milieu de cette nature sauvage, en décore le frontispice et semble avoir été placé là comme pour jeter une teinte de poésie sur ce tableau, au fond si sombre et si sévère.

Ce qui frappe ensuite, c'est la disposition extraordinaire

des roches. Elles ne forment point, en effet, un tout compacte, ni ne sont point superposées par couches horizontales, mais, au contraire, elles se redressent verticalement, laissant entre elles de larges excavations creusées par les pluies, ce qui leur donne exactement l'aspect de gigantesques murailles, tantôt adossées les unes aux autres, tantôt séparées par d'énormes vides pareils à de sombres et étroits couloirs.

A mesure que l'on avance, la gorge se resserre, au point que deux cavaliers ne peuvent bientôt plus passer de front. Les pans des murs sont ici coupés à pic, et les intervalles qui les séparent ont dû sans doute abriter plus d'un malfaiteur. Le lieu ne saurait être, en effet, mieux choisi pour faciliter un guet-à-pens, et si jamais défilé a mérité le nom de coupe-gorge, c'est bien celui-là. Involontairement on est saisi d'un sentiment de terreur, on craint sinon pour sa bourse, du moins pour sa vie, et pourtant, ce qui me semble un fait bien caractéristique, c'est que, depuis l'occupation française, il ne s'est peut-être pas commis un seul meurtre en cet endroit. Mais ces terreurs disparaissent bientôt pour faire place à de plus glorieux souvenirs, et la raison a peine à concevoir comment, en 1839, alors que tout le pays était insoumis, les Arabes ont pu, sans même essayer une ombre de résistance, laisser franchir un pareil défilé à une armée ennemie. Une poignée d'hommes eût suffi pour exterminer tous nos braves, et, nouveaux Spartiates, pas un n'eût survécu pour aller annoncer la défaite de ces nouvelles Thermopyles. La marche de la colonne expéditionnaire fut ignorée des indigènes. Ils pensaient, nous disait notre guide, que c'était l'armée d'Abd-el-Kader qui s'avançait en personne, et cette ignorance peut seule, en effet, expliquer leur inaction et la chance heureuse du duc d'Orléans.

Après avoir marché pendant dix minutes environ dans cet étroit et tortueux couloir, nous en sortons pour grimper sur le flanc droit de la montagne que nous contournons en suivant des sentiers fort escarpés. Nous arrivons ainsi sur le bord de l'autre rivière, au-delà de laquelle se trouve un poste d'Arabes préposés à la garde de ces dangereux passages.

Nous prenons un instant de repos auprès de ces braves gens qui s'empressent de nous servir du lait, des œufs et de la galette, et, avant de nous remettre en marche, nous visitons les sources d'eaux sulfureuses qui se trouvent à quelques pas de là. Le sol, en cet endroit, est crevassé, imprégné de soufre, recouvert d'une matière alcaline blanche. On sent le vide sous soi et l'on entend comme le bruit d'une vaste chaudière souterraine remplie d'eau bouillante, dont le trop plein viendrait se déverser au-dehors. Les nombreux filets d'eau qui s'en échappent n'ont point tous la même température, il en est même qui sont presque froids. Mais l'odeur nauséabonde qu'ils exhalent, la chaleur suffocante qu'on respire, ne nous permettent pas de séjourner plus long-temps en un lieu si malsain. Nous continuons notre promenade en suivant cette fois le cours de l'Oued-el-Hammam.

Le lit de la rivière, d'abord assez large, se trouve bientôt encaissé entre deux hautes berges taillées à pic dans le roc, alignées au cordeau et semblables à un canal tracé de main d'homme. De distance en distance, le lit est coupé transversalement par des murs naturels, figurant assez bien une série d'écluses ébréchées dans leur milieu pour laisser un étroit passage aux eaux.

Après avoir quelque temps cheminé sur la berge de droite, nous descendons brusquement dans la rivière, que nous traversons pour prendre la rive gauche. Ici la difficulté du passage m'empêche de saisir l'ensemble du coup-d'œil. Toute mon attention est concentrée en ce moment sur les jarrets de ma monture, dont le moindre faux pas nous ferait infailliblement rouler l'un et l'autre au fond du précipice. La rampe n'est pas longue, mais elle est à pic, et quand, parvenus au haut de cet escarpement où un homme peut se retourner à peine, vous jetez les yeux devant vous, vous tremblez pour vos jours. Une passerelle, faite de branches d'arbres recouvertes de cailloux, vous permet de contourner le coude produit par la saillie des rochers ; mais, pour redescendre, le sentier n'offre plus qu'une série sans ordre de marches formées par d'énormes blocs, de près d'un mètre de hauteur, étroits, glissants, enchevêtrés les uns dans les autres, et que l'on croirait impossibles à franchir à cheval, si je n'avais été moi-même, en cette circonstance, et témoin, et acteur.

Ce passage, si dangereux pour les bêtes et même pour les piétons, est ce qu'on appelle la Grande-Porte. A part les difficultés du terrain, il n'a, d'ailleurs, rien de bien remarquable, si ce n'est toujours la même disposition verticale des roches qui fait ressembler tout ce massif de pierres à une formidable barricade de murailles dressées pour abriter des géants. Enfin, pour achever de donner au lecteur une idée exacte de la configuration des lieux, qu'il se représente une montagne arrachée de sa base par de puissants leviers et renversée sur le côté : tels sont les Bibans.

Une fois sortis de cette seconde gorge, qui est loin d'être aussi resserrée que la première, nous achevons de contourner le mamelon pour reprendre le chemin par lequel nous sommes venus. Quelques heures après, nous disions adieu à nos hôtes des Beni-Mançour et nous regagnions Akbou, en suivant cette fois la rive gauche de l'Oued-Sahel, si riche en oliviers et en céréales.

Trois jours après, nous prenions congé de Si Ben-Aly-Chérif dont nous avions eu tant à nous louer, et, conduits par deux guides, nous arrivions, après une ascension de deux heures, à la zaouïa de Chellata où nous devons passer la nuit. Le long de la route tracée par les Français, nous avons observé des plantations considérables de figuiers qui, à ces hauteurs, remplacent généralement l'olivier. Notre attention s'est portée également sur deux villages kabyles détruits, il y a quelques années, par les habitants eux-mêmes, à la suite d'une de ces guerres civiles qui ne sont que trop fréquentes chez ces populations guerrières, mais jalouses les unes des autres. Les survivants ont construit non loin de là deux nouveaux villages et vivent depuis en bonne intelligence.

La zaouïa où nous sommes, avec le village qui en dépend, est située sur un petit plateau orné de beaux frênes, parfaitement abrité des vents du nord, et où l'œil aime à reposer sa vue. Elle domine le défilé de Chellata et sert de point d'intersection entre les Beni-Illoula et les Zouaoua. Au-dessus d'elle, jusqu'au sommet de la montagne, se dressent des rochers d'une nature calcaire dont le désordre et le bouleversement dénotent un terrain volcanique.

De leurs flancs caverneux s'échappent, comme d'une

éponge, de nombreuses sources d'une eau vive qui court en clapotant sur les cailloux, aux reflets argentés, et va par mille chemins porter la fertilité dans les jardins et les prairies d'alentour.

Pénétrons maintenant dans la zaouïa. C'est d'abord une cour dallée, où reposent, à l'ombre de deux gigantesques noyers, les membres de cette famille de marabouts qui se sont succédé de père en fils depuis le fondateur jusqu'au chef actuel. A côté, est une vaste salle qui peut renfermer une centaine d'étudiants; mais elle est bien insuffisante pour le nombre des tolba qui y viennent, toutes les années, chercher le pain de vie et celui de la science. Aussi, plusieurs bâtiments contigus leur ont-ils été affectés. Et c'est un spectacle vraiment digne d'un haut intérêt que de voir ainsi réunis, confondus, dans un coin obscur de la Kabylie, des enfants, des jeunes gens, des hommes de tout âge et de tout pays (il y en a même de la Tunisie et du Maroc), qui se rendent là pour apprendre, sous la direction de quelques vieillards usés dans l'étude des commentateurs et des jurisconsultes musulmans, le livre du prophète et les lois qui en découlent. Ici, point de cachot ni de pain sec; le respect des maîtres et le désir de s'instruire tiennent lieu de discipline, et il est peut-être sans exemple qu'on ait eu jamais à réprimer la plus légère manifestation contraire à l'ordre. Cependant, l'établissement a compté jusqu'à douze cents élèves, et aujourd'hui encore, pendant l'hiver du moins, il n'y en a pas moins de trois ou quatre cents.

Toutefois, qu'on n'aille pas, en lisant les quelques lignes qui précèdent, se méprendre sur la portée de nos paroles. Si nous n'avons que des éloges à donner à ce respect sans bornes que les Musulmans professent pour leurs maîtres ou marabouts, ce n'est qu'au point de vue de la discipline que nous l'envisageons et comme pour faire ressortir davantage la différence extrême qui se remarque entre eux et nos étudiants, différence qui montre combien le caractère des deux nations est opposé. Mais il est bien loin de notre pensée de vouloir nous faire ici les apologistes de l'enseignement tel qu'il se pratique aujourd'hui parmi les Arabes, enseignement défectueux, incomplet, servile, bâtard, qui ne peut que faire d'orgueilleux ignorants ou de sombres fanatiques. Et même ce respect que nous vantions tant tout-à-l'heure, nous voudrions, s'il était possible, le voir amoindrir, non pas que nous le jugions mauvais en lui-même, mais parce qu'il s'applique le plus souvent à des personnages qui en sont indignes.

Pour être admis dans la zaouïa, il suffit, en entrant, de verser une légère somme de dix ou quinze francs, moyennant quoi on est logé, nourri et instruit aux frais de l'établissement. Il est pourvu aux dépenses que nécessite l'entretien de la zaouïa par des legs, des dons pieux, des offrandes volontaires, qui se renouvellent à certaines fêtes de l'année, et surtout par la munificence de son chef, dont nous avons déjà fait connaître le caractère large et généreux. L'administration en est confiée à un oukil ou intendant, et c'est auprès de lui que nous sommes conduits.

Il nous offre une hospitalité digne en tout point du maître qu'il sert, et, après une nuit quelque peu troublée par les monotomes psalmodies des jeunes lévites qui occupent les cellules voisines, nous poursuivons notre ascension pour gagner le pays des Gaouaoua, plus connus sous le nom de Zouaoua.

Il est cinq heures quand nous atteignons le col de Tiziberd (le col du froid). Le spectacle qui s'offre à nous est des plus imposants. Du point élevé où nous sommes, plus de deux mille mètres au-dessus du niveau de la mer, nous dominons une vaste étendue de pays, ayant pour horizon : au levant, le Jurjura ; au sud, l'Atlas ; au nord, les montagnes de Bougie ; au couchant, la grande Kabylie, et par dessus tout, le Tangout et le Lalla-Khalidja, pics les plus élevés de la contrée, véritables glacières dont les anfractuosités se dessinent par des traînées de neige qui, ruisselant du sommet, donnent à ces monts l'aspect de têtes de vieillards à la chevelure argentée. Le soleil, qui, à ce moment, verse à pleins flots ses rayons d'or sur les crêtes des montagnes, tandis que le fond des vallées est encore dans l'ombre, vient ajouter un charme de plus à ce que ce tableau renferme déjà de grandiose.

Subjugués par cette mise en scène de la nature, bien autrement resplendissante que toutes nos scènes théâtrales, un instant nous arrêtons le pas de nos mules pour jouir de la vue et admirer en silence, quand la voix de nos guides vient péniblement nous arracher à notre contemplation. Quelques minutes après, nous foulions le territoire des Zouaoua, ce territoire resté encore vierge de tout joug étranger jusqu'au jour où il plut à la France de l'asservir à ses lois, tout en respectant sa constitution gouvernementale et en ménageant ses légitimes susceptibilités.

Sur les pentes abruptes qui, convergeant de toutes parts vers un même point, donnent assez au pays l'aspect d'un entonnoir, nous comptons tout d'abord quatorze villages. Quelques-uns se font remarquer par la blancheur de leur minaret. Le premier devant lequel nous passons est celui des Beni-Aziz, qui forme, de ce côté des monts, le pendant de Chellata. A partir de ce point, le sentier devient tellement rapide, encombré de pierres, traversé par des racines d'arbres, que force nous est de mettre pied à terre, chassant devant nous nos bêtes qui, ainsi soulagées, peuvent, en se laissant glisser sur elles-mêmes, descendre sans trop de peine. Nous-mêmes sommes parfois obligés d'employer le secours de nos mains pour éviter les chutes. C'est ainsi qu'après une heure de ce véritable exercice de gymnastique, nous arrivons à l'oued Ouaguir-Tifilikout, sur le bord duquel se trouve un petit moulin à huile mu par l'eau.

Immédiatement après avoir franchi la rivière sur un pont qui croule sous nos pas, nous remontons le dernier contrefort d'une montagne qui vient expirer en cet endroit, et après une descente aussi périlleuse que la première, nous nous trouvons dans un second vallon fort resserré, au fond duquel coule l'oued de Tiguilissia. Le site est on ne peut plus pittoresque : de frais ombrages, une eau limpide, le silence des bois, un rocher sur les flancs duquel s'étale, parmi le chèvrefeuille et la pervenche, la vigne avec ses mille rameaux chargés de grappes naissantes ; au pied, quelques cabanes rustiques, recouvertes de chaume : tel est le tableau qui se dessine dans cet encadrement formé par de verdoyantes collines à la végétation luxuriante.

Nous voudrions encore arrêter ici nos pas ; mais la voix de nos guides, plus impérieuse à cette heure que les beau-

3

tés de la nature, nous force à poursuivre notre route, et c'est
à travers un sentier ombragé de frênes, d'oliviers, de figuiers, de vignes, dont les branches, s'entrelaçant au-dessus de nos têtes, menacent à tout instant de nous barrer le
chemin, que nous escaladons la montagne qui ferme de ce
côté le pays des Zouaoua. A gauche, nous laissons le village
de Tiguilissia; à droite, celui de Taourigh, avec son minaret dont la blancheur contraste si bien avec la couleur rou-
geâtre des habitations qui l'avoisinent.

Bientôt notre attention est attirée par un rassemblement de
Kabyles qui se forme au-dessus de nos têtes. Leurs mains
sont armées de pioches à manche fort court, et leurs regards
sont en ce moment tournés vers nous. Mais ne nous effrayons
point : cet attroupement n'a rien d'hostile. Ce sont les habitants des villages voisins, réunis en corvée pour réparer,
sous la direction de leurs chefs, ingénieurs de circonstance,
les parties de chemin afférentes à leur territoire. Ils peuvent
être au nombre de cent. Leurs têtes sont entièrement nues,
et la houpe de cheveux qui surmonte leur crâne osseux,
jointe à un regard quelque peu farouche, rappelle ces
Peaux-Rouges que Cooper a si bien dépeints. Ils nous rendent d'assez bonne grâce notre salut et répondent à nos féli-
citations en nous suppliant d'user de toute notre influence
auprès du beylik pour qu'il leur donne des routes. Puissent
leurs vœux être entendus! Il y va de notre intérêt comme du
leur : un bon système de viabilité serait, sans contredit, le
plus sûr garant de la pacification en même temps que de la
prospérité du pays.

Mais quelle est sur le coteau situé à notre droite cette li-
gne blanche qui va serpentant le long du sentier et que l'on
croirait immobile, si tour à tour elle ne paraissait et dispa-
raissait derrière les grands arbres qui le bordent. Ne dirait-
on pas une procession de moines trapistes sortant de leurs
cellules pour aller dans la campagne célébrer le Dieu de l'u-
nivers? La marche de ces hommes est lente et régulière; la
largeur du chemin ne leur permet sans doute pas d'aller
deux de front. Peu après, ils disparaissent dans les sinuosi-
tés de la vallée, et quand nous croyons les avoir perdus de
vue, nous les retrouvons sur notre passage. Ce sont encore

des pionniers qui vont se joindre à ceux que nous laissons derrière nous.

Voilà cependant ce qu'a produit, dans l'espace de moins d'un an, l'influence civilisatrice de la France sur ces populations laborieuses, mais que leur amour de l'indépendance avait tenues jusqu'ici éloignées de nous. Du jour où elles ont vu que leurs rochers et leurs montagnes ne pouvaient les soustraire au joug de nos armes, que ces barrières naturelles, qu'elles croyaient jusqu'alors infranchissables, étaient d'un faible secours pour arrêter l'irrésistible élan de nos fantassins ; que, désormais, nos baïonnettes sauraient les atteindre dans leurs repaires les plus inaccessibles, elles ont compris, avec le bon sens qui les distingue, qu'une nouvelle ère s'ouvrait pour elles, que des relations commerciales devaient à l'avenir exister entre elles et le conquérant, et voilà pourquoi nous avons vu tous ces hommes s'imposer des corvées volontaires, non pour dresser des barricades, mais pour aplanir, au contraire, l'accès de leur pays. C'est là un fait qui parle bien haut dans l'histoire et que le gouvernement, nous n'en doutons pas, saura mettre à profit, en secondant de tous ses efforts un élan si spontané et en dotant ces contrées de voies de communications, dont elles sont aujourd'hui complètemeut dépourvues.

Il est neuf heures et demi lorsque nous atteignons le village des Beni-Ferahoun, situé au sommet de la montagne. Le cheikh de l'endroit, petit homme à l'œil vif et au geste pétulant, vient, du plus loin qu'il nous aperçoit, à notre rencontre, et, après un long échange de salamalek, nous offre de prendre chez lui un instant de repos. Comme nous sommes à jeun depuis le matin et que nous avons bien fait à pied trois heures de marche à travers les chemins que vous connaissez, nous nous rendons facilement à son invitation et prenons place sur le doúkkana de la porte d'entrée.

Je dois, en passant, une mention honorable à deux gros beaux yeux noirs qui brillent comme une paire d'escarboucles à travers la charmille derrière laquelle s'abrite la curiosité de la gent féminine de l'endroit. Deux joues bien roses et bien potelées encadrent agréablement une petite bouche qui laisse voir, en s'entr'ouvrant, deux rangées de

perles fines. Je ne puis juger de sa taille, cachée qu'elle est
par l'épaisseur du taillis; mais j'aime à présumer qu'elle
s'harmonise en tout point avec ce qu'il m'est permis de voir.
Au reste, les femmes kabyles, quoique ne voilant point leur
visage, ont toutes un air fort modeste, des manières très
réservées, et nous-mêmes ne hasardons qu'à la dérobée
quelques regards sur elles, car nous savons que la moindre
indiscrétion de notre part pourrait éveiller des soupçons ja-
loux et mettre ainsi le feu aux poudres, ce que nous tenons
à éviter par dessus tout.

Après nous être bien lestés de figues sèches et de lait
aigre, nous traversons le col de Tizigouran, qui fait face au
col de Tiziberd, et, à partir de ce point, nous suivons toujours les crêtes, laissant, à droite et à gauche, de nombreux
villages entre lesquels celui de Beni-Tour semble être le plus
considérable. Le pays, toutefois, est moins riche que celui
que nous venons de traverser.

Vers midi, nous arrivons à Djemaa-el-Korn. Là, nous faisons une seconde halte, et, assis auprès d'un frêne, nous
dévorons les provisions emportées la veille. Les enfants du
village, qui ne connaissent encore du *Roumi* que le pantalon
rouge, viennent se ranger avec complaisance autour de
notre table improvisée, et l'examen soutenu qu'ils font de
toute notre personne nous prouve combien leur curiosité a
été éveillée par notre arrivée.

Quelques heures après, nous pénétrions sur le territoire
des Beni-Raten, dont la résistance fut, on se le rappelle,
si longue et si désespérée. Aussi la terre que nous foulons
aux pieds porte-t-elle partout des traces d'une lutte récente.
Aux arbres qui jonchent le sol, aux amas de pierres accu-
mulées sur les ruines des villages, au sillage des balles,
dont les dalles de certains cimetières sont encore criblées,
on reconnaît que le fer et la flamme ont ici promené leur
œuvre de sang et de destruction. Ce n'est pas sans un certain orgueil que nous parcourons ces lieux témoins de tant
de gloire! Pourquoi faut-il qu'à ces souvenirs vienne se mê-
ler un sentiment de tristesse et de douleur, et que la victoire
d'un peuple sur un autre ne s'achète qu'au prix de la vie de
bien des braves? Ils furent nombreux, ceux qui, de part et

d'autre, succombèrent dans la lutte. Ne troublons pas le repos de leurs cendres.

A mesure que nous avançons, le chemin s'élargit, les pentes sont plus douces ; on reconnaît la main des Français. Bientôt nous apercevons le Souk-el-Arba (le marché du mercredi), aujourd'hui le Fort-Napoléon, et, à cinq heures et demie, nous en franchissons les portes.

Ici nous sommes en pays civilisé. Une ville française s'élève là où fut naguère le dernier boulevard de l'indépendance kabyle. Demain une diligence doit nous transporter à Alger, et je vous convie, cher lecteur, à m'y suivre, pour vous reposer d'un voyage dont j'aurais désiré vous faire partager tout l'intérêt, sans vous en faire éprouver les fatigues. Puissent ces quelques notes, extraites telles quelles de mon carnet, y avoir réussi.

Rodez, Imp. de CARRÈRE aîné.